AF265721

LES INDUSTRIES MÉTALLURGIQUES

ET LA GUERRE

PAR

M. Robert PINOT

SECRÉTAIRE GÉNÉRAL DU COMITÉ DES FORGES DE FRANCE

Conférence faite le 20 mars 1916, à l'École des Sciences Politiques

IMPRIMERIES RÉUNIES DE NANCY

1916

Extrait du Bulletin de la Société Industrielle de l'Est

LES INDUSTRIES MÉTALLURGIQUES
ET LA GUERRE

Conférence faite le 20 Mars 1916, à l'École des Sciences Politiques

Par M. Robert PINOT

Secrétaire Général du Comité des Forges de France.

MESDAMES,
MESSIEURS,

Lorsque M. Tessier voulut bien me demander de traiter, dans la série des Conférences que notre Société a organisées sur la guerre et la vie économique (1), celle qui a pour objet : « Les industries métallurgiques et la guerre », je ressentis, je dois vous l'avouer, un bien cruel embarras.

Le Comité des Forges de France a eu le très grand honneur d'être appelé à collaborer, dès le début de la guerre et d'une façon quotidienne, avec le Ministère de la guerre; il a été, de ce fait, étroitement mêlé à cet effort splendide qu'a fait l'Industrie française pour assurer à notre armée les canons et les munitions dont elle avait besoin.

Aussi vous voudrez bien reconnaître que si notre Comité a été, par là même, appelé à connaître les choses qui seront si intéressantes à savoir un jour, il ne peut les dire aujourd'hui; et que, dans

---

(1) La conférence de M. Robert PINOT a été la cinquième d'une série de six causeries organisées par la Société des Anciens élèves et élèves de l'Ecole libre des Sciences politiques sur *la Guerre et la vie économique.*

Les autres conférences ont porté sur les sujets suivants :

M. Daniel ZOLLA, professeur à l'Ecole : *La Production agricole et la Guerre;*

M. Pierre Etienne FLANDIN, député de l'Yonne : *L'Aviation et la Guerre;*

M. Paul DE ROUSIERS, secrétaire général du Comité des armateurs de France, professeur à l'Ecole : *La Marine marchande et la Guerre;*

M. Joseph CHAILLEY, ancien député, directeur général de l'Union coloniale française, professeur à l'Ecole : *Les Colonies, le Maroc et la Guerre;*

M. André LIESSE, membre de l'Institut, professeur à l'Ecole : *Les Finances et la Guerre.*

Ces conférences seront prochainement publiées en un volume, par les soins de la librairie F. Alcan (108, boulev. Saint-Germain, Paris).

une matière où le chiffre a seul une valeur démonstrative, je ne pourrai ce soir vous citer aucun chiffre.

Combien de canons, combien d'obus de différents calibres avions-nous avant la guerre?

Combien en faisons-nous à l'heure actuelle?

Voilà la seule chose qui présente aujourd'hui quelque intérêt; et c'est la seule chose sur laquelle je ne puis vous apporter aucun renseignement ni aucune précision.

Vous comprendrez tous les raisons de la loi qui m'est imposée, et vous voudrez bien y trouver une excuse à l'acte de foi que je vous demande de faire, lorsque je vous prie de croire que, bien que dans une guerre comme celle-ci, on n'ait jamais assez de canons et jamais assez de munitions, nous ne manquons pas, nous ne manquerons pas de canons ni de munitions.

I

Pour bien se rendre compte de l'effort qui a été demandé à l'industrie métallurgique française et à l'industrie de la construction mécanique, qui sont inséparables en la circonstance, il faut se rappeler tout d'abord la façon dont étaient assurées les commandes de l'Administration de la guerre en temps normal, c'est-à-dire en temps de paix.

En temps de paix, la fabrication, la réparation et l'entretien de tout le matériel de guerre : bouches à feu, caissons, voitures, harnachements et accessoires, munitions de toutes sortes, étaient assurés par la Direction de l'artillerie et les établissements militaires qui en dépendent.

Vous savez comment fonctionnait la Direction de l'artillerie : cette Direction était une des principales du Ministère de la Guerre; c'était elle qui proposait au ministre les types qui devaient être adoptés et les commandes qui devaient être exécutées.

Elle avait à côté d'elle l'Inspection des Études et des Services Techniques, siégeant place Saint-Thomas-d'Aquin, et qui avait à sa tête un général, fonctionnant comme un ingénieur-conseil, poursuivant les études et donnant son avis sur les types à créer ou à exécuter.

Auprès de l'Inspection des Études se trouvait un organe d'exécution : l'Inspection permanente des fabrications d'artillerie, qui, une fois que les décisions étaient prises par la Direction de l'artillerie, en assurait l'exécution.

Cette inspection permanente avait sous ses ordres la Direction des forges, aidée de deux Inspections des forges siégeant l'une à Paris, l'autre à Lyon, et qui étaient chargées de passer les marchés et d'en surveiller l'exécution.

Les établissements militaires relevant de l'Artillerie étaient spécialisés comme suit au point de vue des fabrications :

Pour les canons : Bourges et Puteaux;

Pour les munitions : Lyon, Tarbes et Rennes;

Pour les fusils : Saint-Étienne, Châtellerault et Tulle;

Pour les équipages : les arsenaux situés dans chacun des corps d'armée.

L'Administration de la Guerre ne demandait à l'industrie privée qu'une chose : c'était de *fournir les matières premières nécessaires aux établissements constructeurs.*

Ces matières étaient demandées à l'industrie soit à l'état brut, soit sous des formes et des dimensions aussi voisines que possible de leur utilisation définitive pour la confection du matériel : tubes pour les bouches à feu, frettes, garnitures de culasses, cornières exactement profilées, acier en rondins, laiton en bandes, ferrures de caissons, etc... Ces matières, qui étaient fabriquées d'après des cahiers des charges visant et atteignant très souvent la perfection, provenaient de nos grands établissements métallurgiques du Centre.

II

La métallurgie française était, vous le savez, répartie avant la guerre entre trois régions : le Centre, le Nord et l'Est. Nos usines s'étaient constituées dans ces régions à des époques différentes, attirées par la houille ou par le minerai.

Le Centre, avec ses grands établissements de Saône-et-Loire : Le Creusot; — de l'Allier : Saint-Jacques de Montluçon; — de la Loire : Saint-Chamond, Saint-Étienne, Firminy, Unieux, etc. — avait abandonné depuis longtemps la fabrication des produits commerciaux ordinaires : rails et poutrelles, pour se consacrer à l'élaboration de produits plus finis et plus chers.

Son outillage comprend presque exclusivement des fours Martin et des fours à creusets; il ne fournit pas seulement l'acier en lingots : il le façonne, le forge, le transforme en produits finis; et c'est lui qui possède l'outillage le plus puissant pour ces fabrications.

Des générations d'ingénieurs et d'ouvriers se transmettent soigneusement — on pourrait même dire jalousement — les procédés de fabrication qui ont fait la réputation du pays.

C'est dans cette région que prit naissance une science nouvelle : la métallographie, qui permet de scruter la texture du métal et de mettre à jour ses maladies et ses tares.

Mais — et c'est ce qui aida au développement de cette région — tandis que l'Administration de la guerre ne demandait aux usines du Centre que les matières dont elle avait besoin, celle de la Marine leur demandait plus. La Marine commandait à ces usines les éléments de canons, et souvent les canons et les obus finis. Aussi, on peut affirmer que c'était surtout au point de vue de la construction navale et de l'artillerie de nos gros cuirassés que le Centre était devenu important; car, en plus des produits que je viens de dire, il fabriquait et usinait les blindages, les tourelles et les grosses pièces modernes telles que nos 3o5 et nos 34o, qui sont capables de lancer un projectile de 6 ou 7oo kilogrammes à des distances qui peuvent atteindre 3o kilomètres.

Les travaux confiés à nos grands établissements privés par le Ministère de la Guerre et par celui de la Marine ne suffisaient pas à absorber leur activité. En 1885, la loi qui interdisait à l'industrie française de construire du matériel de guerre pour l'étranger et d'exporter celui qu'elle pouvait fabriquer fut rapportée.

C'est à partir de cette époque que nos grands établissements du Centre et nos grands chantiers de construction navale purent s'outiller et se développer pour soutenir victorieusement sur les marchés extérieurs la concurrence des Vickers et des Krupp.

On sait les succès que remporta notre artillerie pendant la guerre des Balkans.

Tour à tour le Portugal, l'Espagne, la Serbie, la Grèce, la Bulgarie adoptèrent, au moment de la création de l'artillerie à tir rapide, le type de nos canons de 75 portant la marque du Creusot, et la Roumanie, le Mexique, etc..., demandèrent à Saint-Chamond leur artillerie lourde.

Vous vous rappelez tous que l'adoption par l'Italie du canon Deport, présenté par la Compagnie de Châtillon-Commentry et Neuves-Maisons (Saint-Jacques de Montluçon), fut un véritable succès pour la métallurgie française, et, on peut le dire aujourd'hui, pour la politique de rapprochement d'où est sortie l'alliance. La maison Krupp n'avait rien négligé pour s'assurer cette fourniture; et ce n'est qu'à la suite d'une série de très longues expériences que le Gouvernement italien confia à notre industrie nationale le soin de lui fournir son artillerie.

Ce développement que nos industries du Centre prirent sur le marché étranger fut, on peut le dire, une des causes qui permirent au début de cette guerre, la réorganisation rapide de notre industrie de guerre; l'outillage existait dans ces usines; il fallut seulement le développer. Des techniciens de premier ordre avaient été formés et exercés : il suffit de les rappeler dans leurs usines pour remettre celles-ci dans leur pleine activité.

Mais — et c'est là le point qu'il importe de mettre en lumière pour bien se rendre compte de l'immense effort qui a été réalisé — les besoins de l'Administration de la Guerre se révélèrent rapidement d'une telle importance (importance qui ne cesse de croître dans des proportions inouïes), que la production la plus intensive des établissements de l'industrie privée et des établissements militaires n'aurait pu y faire face. Sur 100 obus fabriqués à l'heure actuelle, on peut en compter 30 en provenance de ces établissements. Ce furent les 70 autres dont il fallut improviser et créer de toutes pièces la fabrication. Mais cette création et la mise en route rapide des nouvelles usines ne furent possibles que parce que les grands établissements de l'industrie privée, aussi bien que le personnel technique de la guerre et les Services du Comité des Forges et de la Chambre Syndicale du Matériel de Guerre, s'employèrent de leur mieux à faciliter toutes choses aux industriels qui, abandonnant pour un temps leur profession ordinaire, s'adonnèrent à ces nouvelles fabrications.

En terminant ce rapide aperçu de la situation d'avant-guerre au point de vue de l'organisation des fabrications, il est nécessaire d'ajouter, pour mémoire, qu'il avait été prévu que les approvisionnements de matières nécessaires aux établissements d'artillerie, qui devaient se renouveler d'une façon continue pendant la guerre, seraient assurés par des marchés dits « Marchés de mobilisation ».

Tout ce qu'on peut dire sur ces marchés, c'est que leur importance était fonction de celle des produits auxquels ils étaient destinés.

III

Quelle était la situation des approvisionnements et du matériel de notre armée au début de la guerre? Pour répondre à cette question, je vous rappellerai seulement ce que tout le monde sait : nous avions une artillerie de campagne, le 75, qui est une artillerie parfaite; nous étions en train de constituer notre artillerie lourde et nous avions, heureusement, conservé toute notre ancienne artillerie dans nos arsenaux. Au point de vue des munitions, nos approvisionnements paraissaient considérables. Nos régiments étaient dotés de mitrailleuses, et nos réserves de fusils paraissaient plus que suffisantes.

Je ne trahirai aucun secret en constatant que les prévisions qui avaient été faites au point de vue du matériel et des munitions avant la guerre apparurent rapidement insuffisantes. Il en fut de même, heureusement, pour l'Allemagne : les approvisionnements qu'elle avait faits pour son armée, alors qu'elle préparait cette guerre et la faisait éclater à son heure, furent consommés beaucoup plus rapidement qu'elle ne l'avait prévu.

D'ailleurs, reconnaissons-le de bonne foi, personne, ni en France ni en Allemagne, aucun des écrivains militaires ni des états-majors qui étudiaient les conditions dans lesquelles devait se produire la guerre future, personne n'avait prévu une guerre de longue durée.

Au contraire, il était reçu comme un axiome, non seulement dans le monde militaire, mais encore chez les dirigeants de la grande politique internationale, que si une guerre éclatait entre les grandes puissances, elle serait forcément très courte. La mobilisation de toute la nation, la puissance destructive des armements, l'arrêt de toute vie économique et les dépenses financières extraordinaires que la guerre devait entraîner, tout concourait à faire croire que cette crise ne pouvait durer qu'à peine quelques mois. Sur ce point comme sur bien d'autres, on voit aujourd'hui quelle était la vanité des prévisions; et il siéerait peut-être à ceux qui critiquent quelquefois, dans l'impatience de leur patriotisme, l'effort industriel qui a été fait, en voyant la lenteur fatale avec laquelle il s'est poursuivi, tout au moins au début, de nous dire pourquoi, puisqu'ils parlent comme s'ils avaient prévu que la guerre devait durer si longtemps et prendre un pareil développement, ils ne l'ont pas écrit et répété, alors que tout le monde, en France comme en Allemagne, croyait à une guerre de brève durée.

C'est précisément parce que l'on croyait à une guerre courte, à une guerre qui serait faite pour ainsi dire avec les approvisionnements constitués pendant la période de paix, que l'on n'avait pas prévu qu'à côté de la mobilisation militaire, devait être organisée la mobilisation de l'industrie.

Loin d'être mobilisée pous assurer le fonctionnement de la guerre, l'industrie avait été profondément désorganisée par la mobilisation militaire. Au jour de la déclaration de guerre, tous les ouvriers de nos établissements métallurgiques en âge de faire leur service militaire, tous nos ingénieurs et nos directeurs qui, sortant pour la plupart de l'Ecole Polytechnique, de l'Ecole des Mines ou de l'Ecole Centrale, se trouvaient être des officiers du cadre complémentaire de l'artillerie ou du génie, tous partirent et rejoignirent leur poste de mobilisation. Ils laissèrent les usines terriblement réduites quant au nombre des ouvriers, et complètement désorganisées par le départ de leurs chefs, si bien que, dans certaines régions très éloignées du théâtre de la guerre, les administrateurs restants furent dans l'impossibilité d'assurer la marche de l'usine, et prirent le parti d'éteindre les hauts fourneaux, d'arrêter les aciéries.

Seules, les quelques usines qui avaient reçu des marchés dits « de mobilisation » purent conserver un personnel très restreint pour assurer ces fabrications. Les établissements militaires eux-mêmes avaient vu une partie très importante de leur personnel s'en aller au front, et ne devaient plus fonctionner qu'à marche réduite.

Dès le lendemain de la déclaration de guerre, au vu des consommations terribles de munitions qui se produisirent pendant les premières batailles, on se rendit compte qu'il fallait demander à l'industrie et aux établissements militaires un effort bien plus considérable que celui auquel on avait pensé. Mais cet effort se trouvait gêné non seulement parce que le personnel manquait, mais encore parce que les transports étant entièrement absorbés par la mobilisation, le service des postes et télégraphes retardé ou réservé à l'Administration militaire, tout ralentissait ou rendait impossible la vie des usines.

Ce fut au lendemain de Charleroi que la situation apparut véritablement critique. On vit qu'il fallait demander un effort énorme à l'industrie métallurgique et à celle de la construction mécanique: et on le demanda.

IV

Dans quelle situation la guerre avait-elle mis l'industrie métallurgique française, et dans quelle situation allait-on la trouver pour répondre à l'appel qu'on lui adressait?

Elle n'était pas seulement désorganisée par la mobilisation, ainsi que nous venons de le dire: mais elle était aussi singulièrement réduite dans ses moyens de production, par suite des vicissitudes de la guerre.

Nous vous avons indiqué tout à l'heure la répartition de l'industrie métallurgique française entre les trois régions de l'Est, du Nord et du Centre. C'est dans l'Est et dans le Nord que sont situés les plus puissants établissements sidérurgiques. C'est dans le Nord que se trouvent les plus grands établissements de construction mécanique. L'envahissement par l'ennemi des régions de l'Est et du Nord, et la situation que créait aux usines restées de ce côté-ci de la ligne des tranchées leur position dans la zone des armées, toutes ces causes allaient priver la défense nationale du concours de la partie la plus puissante de notre industrie.

Tout en respectant la loi que je me suis imposée de ne vous donner aucun chiffre, je puis du moins, en empruntant quelques chiffres à l'ennemi, vous dire ce qu'il attendait du coup qu'il venait de nous porter.

Dans un rapport présenté, le 31 janvier 1915, à l'Association des Maîtres de forges allemands, M. le Dr Schrödter a cru pouvoir établir que la Métallurgie française, par suite de l'envahissement des régions du Nord et de l'Est, se trouvait dans une situation de nature à paralyser la défense nationale.

Passant successivement en revue nos mines de houille et nos mines de fer, il estimait que l'extraction maximum à laquelle pouvaient atteindre nos mines de houille ne s'élevait pas au delà de 15 millions de tonnes, et celle de nos mines de fer à 10 p. 100 de la production normale. Quant à la métallurgie, il considérait que la production totale des hauts fourneaux français était réduite de 80 p. 100 par les hostilités et que les aciéries situées dans les régions envahies produisaient 70 p. 100 de l'acier brut en France. Il faisait remarquer en outre quelle était la puissance de l'industrie mécanique dans la région du Nord, et quel préjudice son arrêt momentané allait causer à la défense nationale.

Dans le rapport que la Commission de Direction du Comité des Forges de France présenta à l'Assemblée générale de ses membres le 20 mai 1915, ces chiffres furent rappelés, non pour les discuter, car nous nous adressions à des hommes capables de relever les erreurs de documentation ou les inexactitudes des affirmations du Dr Schrödter, mais pour montrer quelle espérance notre ennemi fondait sur l'envahissement de la partie la plus riche de la France au point de vue de toutes ses industries, et en particulier des industries métallurgiques.

Nous ajoutions simplement ceci : « Si pénible et si préjudiciable que soit cette situation au point de vue de nos intérêts matériels, nous croyons devoir rassurer M. Schrödter sur les conséquences qu'il en prétend tirer au point de vue de la défense nationale : nous avons su y pourvoir; c'est tout ce qui importe ».

<h2 style="text-align:center">V</h2>

Comment avons-nous pu y pourvoir?

Pour être complète, cette démonstration devrait être faite pour tous les éléments sur lesquels l'activité de nos industries a été appelée : matières premières : fonte, acier; produits fabriqués : canons, fusils, munitions, etc... Ce serait vous faire ici l'histoire des quinze derniers mois, histoire trop longue pour être même esquissée dans ses traits essentiels et qui, d'ailleurs, présenterait toujours sur tous les points qu'elle traiterait les même lacunes; elle ne saurait vous apporter aucun document probant, aucun chiffre, aucun nom.

Nous allons toutefois, si vous le voulez bien, essayer une démonstration en vous donnant quelques détails sur le gros effort qui a été produit pour les munitions d'artillerie et, en particulier, pour l'obus de 75.

L'obus de 75, qu'il s'agisse de l'explosif ou du shrapnell, avait été conçu par l'artillerie pour être fabriqué à la presse.

On sait en quoi consiste cette fabrication : la métallurgie fournit un lopin d'acier répondant aux qualités requises, qui représente un cylindre d'une hauteur de 185 millimètres sur un diamètre de 75. Ce lopin est porté à une haute température, puis mis sous une presse hydraulique qui en fait un récipient, une espèce de bouteille : la bouteille à explosif ou la bouteille qui doit recevoir les balles pour les shrapnells.

Il y a donc, dans cette fabrication, une action particulière exercée sur le métal à chaud, action qui, en écrasant à l'aide du poinçon le centre du cylindre, fait monter la matière le long des parois de la pièce et forme les côtés de l'obus. On fabrique ainsi un obus par emboutissage avec des parois relativement minces et présentant cependant toutes les garanties de sécurité au point de vue de l'explosif qui doit y être contenu, tout en assurant le maximum de logement pour cet explosif ou pour les balles de shrapnells.

Les obus de 75, étant fabriqués jusqu'au début de la guerre exclusivement par les ateliers de l'Artillerie, ceux-ci possédaient seuls les presses hydrauliques spéciales pour cette fabrication. Aussi, malgré tout le développement que l'Artillerie avait cru devoir donner, en temps de paix, à ses établissements, le nombre des obus qu'ils pouvaient fabriquer à la presse n'avait jamais dépassé un nombre véritablement infime par rapport à celui de la fabrication actuelle.

Seuls, les grands établissements de l'industrie privée, comme Le Creusot, Saint-Chamond, aidés de quelques établissements dont ils s'étaient assuré le concours en temps normal, possédaient des presses pour la fabrication des obus qu'ils fournissaient aux puissances étrangères. C'est ce qui explique pourquoi, dès le milieu d'août, l'Administration de la Guerre put recourir à ces établissements pour augmenter la quantité d'obus qu'elle pouvait obtenir de ses propres établissements.

Lorsque le Gouvernement se transporta à Bordeaux au début de septembre, et qu'il apparut, après la bataille de la Marne, que le problème des munitions d'artillerie dépassait en importance tout ce qu'on avait pu imaginer, le ministre de la Guerre d'alors, M. Millerand, convoqua immédiatement les représentants du Comité des Forges, des grands établissements de la Métallurgie et de l'industrie de l'automobile pour étudier avec eux comment on pourrait assurer à nos armées un nombre d'obus très considérable, nombre qui a été atteint et dépassé depuis de longs mois, mais qui, alors, et pour les raisons que je viens de dire, paraissait tout simplement chimérique et impossible à atteindre; et cependant, M. Millerand ne nous dissimulait pas que le sort du pays était entre nos mains.

L'effort que le Ministre demandait à l'industrie française pouvait, en effet, paraître irréalisable.

Si l'on examine la question primordiale : la fabrication du métal, on se trouvait dans la situation que je vous ai dite : toutes les grandes aciéries du Nord et de l'Est qui auraient pu, dans leurs fours Martin, produire en grande quantité le métal à obus, étaient situées en régions envahies. Quant aux établissements sidérurgiques du Centre, du Sud et de l'Ouest, dont la production d'acier en temps ordinaire est relativement peu considérable, ils avaient été profondément désorganisés par la mobilisation, qui leur avait pris leurs directeurs, leurs ingénieurs et la majorité de leurs employés et ouvriers.

La première tâche qui s'imposa au Ministère de la Guerre et au Comité des Forges fut donc de réorganiser ces usines métallurgiques qui pouvaient produire le métal à obus, et d'amener à cette fabrication spéciale un certain nombre d'usines qui ne l'avaient jamais entreprise, et qui, jusque-là, s'étaient réservées exclusivement à la fabrication des produits courants, comme les rails et les poutrelles, ou qui utilisaient leurs fours Martin pour produire le métal nécessaire à la fabrication du fer-blanc.

Pour remettre toutes ces usines en activité, il fallait leur rendre le personnel qui leur avait été enlevé par la mobilisation.

Quand on songe aujourd'hui au problème qui se posa alors au Ministère de la Guerre, on ne peut s'imaginer quelles difficultés il présentait, tant au point de vue matériel qu'au point de vue moral.

Faire revenir des hommes du front et des dépôts, alors que le sentiment unanime de la nation avait porté chacun à sa place de combattant, alors que le sort de la patrie semblait pouvoir se jouer en quelques semaines, alors qu'on ne pouvait dire au pays combien était aiguë la crise que l'armée traversait au point de vue des approvisionnements en munitions, c'était prendre une décision nécessaire, mais d'une application aussi délicate que compliquée.

Les industriels, et principalement les métallurgistes, dont le personnel est organisé par équipes, où chaque ouvrier a un rôle spécial, réclamaient leurs ouvriers du jour au lendemain : sans cela aucune reprise rapide du travail n'était possible. Ces ouvriers, le Ministère de la Guerre ne pouvait les demander qu'à leur dépôt, qu'ils avaient quitté, pour la plupart, pour aller au front; et comme on était encore engagé dans une guerre de mouvement, les jours s'écoulaient dans l'anxiété, sans que les ordres de rappel pussent toucher les hommes. Il en fut de même pour les contremaîtres et les directeurs.

Aussi fallut-il, car le temps pressait terriblement, changer plusieurs fois de système, laisser les industriels aller rechercher eux-mêmes dans les dépôts les ouvriers qui s'y trouvaient, puis distribuer entre les usines qui pouvaient marcher le personnel des usines des régions envahies.

Que dans cette mobilisation du personnel ouvrier vers les usines, il y ait eu des erreurs commises — que des soldats se soient dits métallurgistes ou tourneurs alors qu'ils ne l'étaient pas — que certains patrons aient abusé des facilités qui leur étaient données pour embusquer l'un des leurs — tout cela est possible. Mais ces abus, en fait peu nombreux, furent de bien peu d'importance par rapport au but qu'il fallait atteindre. Le temps seul, en permettant d'organiser toutes choses, aurait permis de les éviter, mais le temps manqua. Peu importe si un notaire ou un flûtiste du Conservatoire purent se faufiler dans une usine pour tourner des obus; ils n'y restèrent pas longtemps, et on eut des obus!

D'ailleurs, pour cette question du personnel comme pour celle des fabrications, ce furent toujours les circonstances elles-mêmes, dont le caractère tragique s'atténue avec le temps, qui obligèrent chacun à faire immédiatement ce qui pouvait être fait. Chacun d'ailleurs se rendit compte pour sa part qu'il laissait passer certaines imperfections ou qu'il commettait certaines erreurs et, dès que cela fut possible, s'efforça de corriger ces imperfections et de remédier à ces erreurs.

<h2 style="text-align:center">VI</h2>

C'est ainsi qu'en ce qui concerne le personnel ouvrier, des services spéciaux furent créés pour tâcher de mettre chaque homme à sa place, en assurant le maximum de rendement aux industries qui travaillaient pour la défense nationale, en sévissant comme il convenait contre les abus inévitables, et en repoussant les concours qui arrivaient accompagnés des recommandations habituelles (vous savez lesquelles), lorsque sous ces offres on pouvait entrevoir plus de préoccupation de sécurité personnelle que de compétence technique.

À côté du problème du personnel, un problème technique se posait.

Devant le programme posé par le ministre de la Guerre aux industriels, il apparut que si l'on voulait atteindre, dans le minimum de temps, le chiffre que le Ministre avait indiqué comme étant absolument nécessaire, il fallait changer le mode de fabrication des projectiles, puisqu'il n'existait pas alors en France, dans les usines, et qu'il était impossible de faire venir de l'étranger dans un délai suffisamment court, le nombre de presses indispensables pour poursuivre la fabrication des obus par l'ancien système.

On envisagea alors un autre procédé : on pensa qu'étant donné le nombre considérable de tours qui existaient en France dans les différentes industries de la construction mécanique, et principalement dans l'industrie de l'automobile, on pourrait obtenir une production importante d'obus en procédant par forage dans la barre d'acier. Ce procédé consiste à tronçonner les barres d'acier en petits cylindres correspondant au corps de l'obus et à creuser, à l'aide de tours, dans chacun de ces cylindres, le logement où doit être enfermée la charge d'explosif, puis à finir extérieurement l'obus au tour.

Il faut remarquer que, dans ce procédé, le métal, une fois livré en barres, ne subit plus aucun travail de forge; il doit donc posséder immédiatement toutes les qualités nécessaires au point de vue de la résistance.

En adoptant ce nouveau procédé de fabrication, la Direction de l'Artillerie se trouva dans l'obligation d'étudier et d'accepter de suite un nouveau tracé de l'obus renforçant les parois du projectile à certains endroits pour donner aux parois et au culot une force de résistance suffisante, et cela sans changer d'une façon appréciable ni sa capacité ni son poids, pour ne pas diminuer la quantité d'explosif qu'il devait contenir, et pour ne pas être obligé, ce qui était d'ailleurs impossible, de refaire les tables de tir.

Il fallut, en même temps, mettre en train la fabrication de la douille, grand récipient de cuivre qui sert à mettre la charge, puis celle de la gaine-relai et de la fusée qui complètent l'obus.

A une réunion convoquée par le Ministre de la Guerre le 20 septembre 1914, il fut décidé que, pour organiser avec la plus grande rapidité possible la fabrication des obus de 75, cette fabrication serait répartie en France par groupes régionaux. Plusieurs groupes furent constitués le jour même. Les grands établissements métallurgiques et de construction mécanique qui existaient dans chacun de ces groupes en prirent la direction, et se chargèrent d'organiser, en vue de cette fabrication, tous les industriels de leur circonscription qu'ils durent rechercher et initier au travail. Sous leur impulsion et sous leur ingénieuse direction, les industriels, venus de toutes les professions, mirent leur intelligence et leur activité au service de la défense nationale, et entreprirent des fabrications qu'ils n'avaient jamais abordées et dont ils ne pouvaient connaître l'extrême difficulté.

Pour mettre rapidement en train ces fabrications, il fallait résoudre, au fur et à mesure qu'elles se présentaient, toutes les difficultés que rencontraient nécessairement les industriels : difficultés d'ordre matériel provenant du manque de matières, de combustibles, d'outillage, de personnel; difficultés d'ordre technique résultant de l'adaptation aux conditions rigoureuses des fabrications du matériel de guerre, d'industries qui, jusque-là, leur avaient été complètement étrangères.

Aussi, M. Millerand, laissant de côté les anciennes méthodes de l'Administration de la Guerre, décida-t-il de continuer et de rendre permanents les rapports qu'il avait eus avec les industriels pour assurer la fabrication des obus de 75. D'abord tous les huit jours, puis tous les quinze jours, à Bordeaux, il réunit, sous sa présidence, les chefs de groupes et les représentants du Comité des Forges et de la Chambre Syndicale du Matériel de Guerre. Les réunions se poursuivirent à Paris, à des intervalles plus éloignés, en s'étendant successivement à tous les titulaires de marchés de gros obus.

Ces pratiques ont été continuées; mais alors que, maintenant, nous nous réunissons à la fin de chaque mois sous la présidence de M. Albert Thomas, sous-secrétaire d'État de l'Artillerie et des Munitions, pour constater les rendements réalisés, connaître et assurer au mieux les desiderata de la Guerre, exposer nos difficultés, en rechercher ou en recevoir les solutions, on se prend quelquefois à se rappeler les séances de Bordeaux, et à revivre par la pensée les heures tragiques qui, alors, y furent vécues.

A ce moment où se livraient sur les rives de la Marne, puis sur celles de l'Aisne, pour se poursuivre jusqu'aux rivages de la mer, ces batailles où se jouait le sort de la France, où, à chaque coup de canon, on avait l'appréhension de voir s'épuiser nos approvisionnements sans avoir la certitude de pouvoir les refaire, une noble et quelquefois bien douloureuse émotion se lisait sur toutes les figures, lorsqu'à la question posée par le Ministre sur les résultats acquis dans la huitaine ou la quinzaine précédente, on entendait les uns avouer un succès, les autres un insuccès.

Qui n'a pas connu la mise en route de ces fabrications, alors que tout manquait : personnel, matières, outillage, alors que chacun, croyant le problème plus facile à résoudre ou se fiant sur des concours qui subitement faisaient défaut, avait fait des promesses qu'il ne pouvait tenir; alors que l'artillerie elle-même, encore privée de son personnel de techniciens, s'efforçait de simplifier à l'extrême les conditions de fabrication, pour voir enfin sortir des productions si anxieusement attendues, — n'aura jamais vécu les plus douloureuses angoisses du patriotisme.

Et quand on pense que cette cartouche de 75 qu'il fallait produire et livrer aux armées, se composait de quatre objets : la douille, le corps d'obus, la gaine-relai, la fusée; que chacun de ces objets était composé lui-même de plusieurs éléments (la fusée, à elle seule, en comprenait 17), et qu'un déficit dans la production d'un seul de ces éléments faisait que la cartouche n'existait pas, on voit quelle importance il y avait à assurer le parallélisme dans la production de chaque élément. Ce fut là une des plus grandes difficultés que le Ministère de la Guerre et l'industrie eurent à surmonter.

Combien crurent, parce qu'ils fabriquaient, en temps ordinaire, une pièce assez semblable à tel élément de la fusée, par exemple, qu'ils tiendraient facilement les nombres promis, et durent, en même temps qu'ils firent de dures écoles, constater, les larmes aux yeux, que par leur fait, les nombres sur lesquels on comptait diminuaient terriblement!

Mais chacun fit de son mieux. La souplesse et l'ingéniosité de l'esprit français se donnèrent libre carrière, et arrivèrent à des résultats étonnants.

Aujourd'hui, que ces heures terribles sont passées, que ces fabrications donnent leur plein et que le pays a pu tenir derrière la ligne de tranchées, c'est un devoir pour ceux qui furent les témoins de toutes ces choses, de dire que l'homme qui, prenant le Ministère de la Guerre à une heure critique, a su, par la puissance de sa volonté, de son intelligence et de son labeur résoudre ce problème a bien mérité de la Patrie.

Ce n'est certes pas son successeur en cette partie de son département ministériel, qui pensera que cet hommage n'est pas entièrement mérité. Associé, dès les jours de Bordeaux, à cet immense labeur, y prodiguant toutes les ressources de sa belle intelligence et de son inlassable activité, M. Albert Thomas méritait d'être appelé au poste où il a su et où il sait chaque jour rendre au pays de si grands services.

VII

Dès que le programme de la fabrication des projectiles de 75 fut en train, on dut se préoccuper de l'élaboration d'un second programme qui portait principalement sur la fabrication du matériel et des obus de gros calibres.

Il fallait maintenir en état et en nombre le matériel de 75 qui avait subi et qui subissait les vicissitudes et les fatigues de la guerre.

Il fallait aussi parfaire notre matériel d'artillerie lourde, et lui assurer d'abondants approvisionnements en projectiles.

Ce fut un rude programme que nos établissements de l'industrie privés, spécialisés dans ces fabrications, eurent à remplir, en entrant à ce sujet en intime collaboration avec les établissements de l'Etat dont la puissance de production fut accrue et s'accroît encore chaque jour.

La question des obus de gros calibres se présentait au Ministère de la Guerre et, par lui, à l'industrie privée, sous l'aspect d'un problème d'une extrême complexité. Il ne pouvait plus être question, pour fabriquer ces obus, de moyens de fortune analogues à ceux que nous avions dû employer pour fabriquer l'obus de 75. Tous ces obus de gros calibres devaient être forgés et, pour ce faire, il était nécessaire d'augmenter considérablement le matériel de presses et de forge qui se trouvait dans les grands établissements de l'Etat et dans les grands établissements métallurgiques.

Malgré l'extrême diligence que l'on mettait en toutes choses, des semaines et des mois devaient nécessairement s'écouler pendant la construction, le transport et l'installation de ce gros outillage; et pendant ce temps, que se serait-il passé si on n'avait réussi à mettre pour ainsi dire instantanément une industrie tout à fait étrangère au matériel de guerre, sur la fabrication d'obus de gros calibres?

En quelques semaines, nos fonderies produisirent des obus en *fonte aciérée* qui, sans présenter toutes les qualités des obus en acier, réalisent cependant des qualités militaires de tout premier ordre. Non seulement elles permirent d'attendre en toute sécurité la production en grand des obus en acier, mais elles continuent encore à fournir à nos approvisionnements un appoint considérable dont la qualité est reconnue chaque jour.

Il ne faut pas confondre le projectile en fonte aciérée, dont il est ici question, avec le projectile en fonte qui donne des obus pour les exercices de tir.

Vous savez que, parmi les défauts que présente le projectile en fonte, le plus considérable est que, pour donner à ses parois la résistance nécessaire, il faut les faire d'une telle épaisseur que celle-ci diminue la charge en explosif, au point que l'obus n'a presque plus de valeur dans le combat. Sa fragmentation après explosion se fait par gros morceaux, et ainsi disparaît l'effet utile que l'on recherche dans les projectiles en acier.

La matière de l'obus en fonte aciérée, au contraire, présente des qualités telles que l'on peut donner à cet obus une capacité presque équivalente à celle de l'obus en acier : il peut loger une quantité d'explosifs à peu près égale à celle de l'obus en acier de même calibre. Sa seule infériorité sur l'obus en acier est qu'il présente, au point de chute, une force de rupture moins considérable.

Au moment où l'on eut recours à l'obus en fonte aciérée, il présentait cet avantage inappréciable de permettre d'appeler à cette nouvelle fabrication toutes les fonderies existant en France, et de mettre ainsi en pleine activité des ateliers qui, sans cela, seraient restés pour la plupart inactifs et hors d'état de pouvoir prêter leur collaboration à la défense nationale.

Or, ces fonderies étaient nombreuses; le matériel dont elles avaient besoin pour réaliser des productions importantes n'était pas difficile à constituer. On put rapidement, une fois que les premières compositions de fonte aciérée furent bien déterminées dans chaque usine, porter la fabrication de ces obus de différents calibres à des nombres considérables, et assurer ainsi à notre artillerie lourde d'amples approvisionnements de munitions.

Toutes les fonderies de l'Ouest, de l'Est, du Centre et du Sud vinrent apporter leur concours; de nouvelles s'organisèrent.

VIII

Pendant que ces nouvelles fabrications étaient ainsi lancées, le Sous-Secrétariat de l'Artillerie et des Munitions, qui venait d'être institué au Ministère de la Guerre et de remplacer la Direction de l'Artillerie, se préoccupa de reprendre dans son ensemble le problème de l'approvisionnement en matériel et en munitions. La Direction des Poudres et Explosifs fut bientôt rattachée à son domaine.

D'ailleurs, l'opinion publique, avertie avec une insistance toute patriotique de l'importance du problème qui se posait devant le pays, commençait à comprendre que, pour pouvoir donner à nos armées « des canons, des munitions » il fallait rendre à nos usines les ouvriers dont elles avaient besoin, dût-on les reprendre sur le front.

La fabrication du 75 fut améliorée et amenée au point actuel, qui ne laisse rien à désirer, on peut le dire, sur la fabrication du temps de paix. Les conditions le permettant, on se préoccupa de substituer progressivement la fabrication de l'obus forgé à l'obus foré, en incitant les industriels à établir chez eux des presses pour la fabrication des ébauches, et en créant plusieurs grands centres de fabrication de ces ébauches pour alimenter les industriels qui ne pouvaient établir des presses dans leurs ateliers.

Entre temps, les installations nouvelles qui avaient été décidées, et dont la construction avait été entreprise dès le début de 1915, donnaient successivement leur plein rendement. On eut alors ce spectacle, qui est bien à l'honneur de l'ingéniosité et de la capacité d'organisation de notre race, que là où il n'y avait rien : ni bâtiments, ni outillage, ni personnel, on vit en quelques mois s'élever des ateliers munis des machines les plus perfectionnées et capables de produire un nombre d'obus dépassant parfois 10.000 par jour.

De pareils efforts furent tentés pour la fabrication des obus de gros calibres. A côté des augmentations considérables de production que réalisèrent nos grands établissements métallurgiques par le développement de leurs ateliers, il faut noter les concours très importants qu'apportèrent, pour la fabrication des obus de gros calibres, les nombreuses usines nouvelles qui furent créées et outillées, la plupart par les industriels des pays envahis qui tinrent à contribuer ainsi à la délivrance de leurs régions. Dans les contrées qui paraissaient les mieux appropriées : dans le Midi, dans les Alpes, dans le Centre, dans nos régions de l'Est, etc..., on peut voir un peu partout, à l'heure actuelle, bien lancés et en plein rendement, de nombreux ateliers assurant à notre artillerie lourde les approvisionnements dont elle a besoin.

Pour assurer l'activité et le plein rendement de tous ces nouveaux ateliers, il fallait les approvisionner de matières : fontes spéciales pour la fabrication des obus en fonte aciérée, acier pour les obus en acier.

Remplir ce programme n'était pas chose facile. Nous nous efforçâmes de remettre en activité tous les établissements métallurgiques qui, pour une raison quelconque : manque de personnel, défaut d'approvisionnement de matières, n'avaient pu encore reprendre leur production d'avant la guerre. Certains de ces établissements augmentèrent même sensiblement leur production antérieure en construisant de nouveaux fours Martin; si bien que la production d'acier Martin a augmenté, dans les usines situées en dehors de la ligne des tranchées, de plus d'un tiers sur les chiffres réalisés avant la guerre.

En même temps, par des missions envoyées en Angleterre et en Amérique, le complément de fonte et d'acier dont nous avions besoin était assuré à nos ateliers.

Mais, pour mener à bien ce nouveau programme, il fallut, avec toutes les difficultés que présentaient les transports terrestres et maritimes et l'encombrement des ports, organiser l'approvisionnement en commun des matières nécessaires à ces fabrications : houille, matières réfractaires, riblons, etc... Ce fut là une œuvre d'organisation qui se complète chaque jour et qui demande autant de méthode que de souplesse. Malgré les difficultés que l'on rencontre, cette organisation arrive à donner des résultats satisfaisants et permet à toutes nos usines de donner leur plein.

IX

Pour être complet, et en laissant de côté, comme je l'ai fait volontairement, toute la question des fabrications du matériel d'artillerie, il faudrait que je vous montre l'effort parallèle et aussi considérable qui a été réalisé par les industries du cuivre pour la fabrication des douilles et ceintures et des fusées, complément indispensable de l'obus et qui, avec lui, constituent la cartouche.

Il faudrait aussi et surtout que nous passions en revue l'effort extraordinaire qui a été fait pour approvisionner ces cartouches des explosifs nécessaires sans lesquels elles resteraient des matières inertes.

Si vous voulez bien considérer qu'avant la guerre les explosifs étaient fabriqués par les seuls établissements de l'État, et pour un nombre d'obus correspondant à celui que j'ai laissé entrevoir, vous comprendrez qu'il a fallu faire pour les explosifs un effort d'un ordre de grandeur comparable à celui qui a été fait pour les obus.

En réalité, cet effort fut beaucoup plus considérable; car, ainsi que vous l'avez vu, les grands établissements métallurgiques faisaient déjà des projectiles et nous avons pu adapter à cette fabrication un grand nombre d'ateliers de construction mécanique et la plupart des fonderies. Par contre, rien n'existait qui pût être utilisé pour la production des explosifs. Non seulement rien n'existait, mais les industries dont ils dérivent : les industries chimiques, paraissaient frappées en France d'un état de paralysie dû à la puissance de la concurrence que leur faisaient les usines allemandes.

Je dis « paraissaient » car là aussi, nous fûmes servis à souhait par une industrie qui venait de naître quelques années auparavant dans les régions montagneuses des Alpes et des Pyrénées, et dont les créateurs se trouvèrent prêts à concevoir et à remplir le programme qui allait être tracé. Cette industrie est celle des forces hydrauliques qui, avec ses grandes usines situées dans les Alpes et dans les Pyrénées, fabriquait en temps normal les produits de l'électro-métallurgie et de l'électro-chimie.

Elle put en quelques mois se développer et assurer à l'Administration de la Guerre la quantité d'explosifs qui lui était nécessaire.

Ce fut encore cette industrie qui sut s'organiser pour fournir au matériel chimique de la Guerre les matières premières nécessaires à la fabrication des gaz asphyxiants, lorsque nous fûmes contraints, pour ne pas laisser impunis les crimes des barbares, de recourir à la loi du talion, qui est la seule qu'ils comprennent.

Dire l'immense effort qui a été accompli à ce sujet, les industries nouvelles qui ont été créées en France, les solutions ingénieuses qui ont été trouvées, ce serait vous faire un nouveau tableau de la puissance du génie français lorsque, livré à lui-même, il ne subit pas les contraintes administratives, sous lesquelles il est trop souvent étouffé. Je ne vous ferai pas ce tableau pour deux raisons : la première est que je dois être sur ce point aussi réservé que sur tous ceux que je me suis permis d'effleurer ce soir devant vous; la seconde, c'est que s'il était possible de parler un peu plus librement de ces questions, il faudrait leur consacrer au moins une conférence tout entière.

L'Administration de la Guerre demanda à l'industrie métallurgique son concours pour bien d'autres fabrications que je ne ferai qu'énumérer pour mémoire. Vous savez que l'automobilisme et l'aviation militaires furent entièrement renouvelés, on peut même dire créés, pendant cette guerre, et quand on songe que tous ces appareils demandent des fabrications spéciales faites avec des aciers spéciaux, on voit l'ampleur du programme que nous avons eu à réaliser.

Je citerai encore pour mémoire la fabrication des fusils qu'il fallut organiser entièrement, car cette fabrication n'avait jamais, jusqu'ici, été confiée à l'industrie privée. Pour l'entreprendre, il fallut créer tout un outillage dont il est difficile de se rendre compte lorsqu'on n'a pas pénétré dans cette fabrication. Il fut, à ce sujet, donné au Comité des Forges d'organiser pour sa part cette fabrication, grâce à des concours très précieux qu'il put trouver dans la grande industrie de la construction mécanique et auprès d'un technicien de très grande valeur. Grâce à ces collaborations, un véritable tour de force fut réalisé et les usines ainsi groupées commencèrent à livrer toutes les pièces nécessaires pour faire les fusils, cinq mois après le moment où fut passée la commande.

X

Cette esquisse que je viens de vous présenter ne saurait être complète et prétendre même mentionner tous les objets sur lesquels dut porter l'effort de l'industrie métallurgique, car la France eut à donner cet exemple extraordinaire — doit-on l'admirer, doit-on le déplorer? — de compléter ou de refaire, pendant la guerre et en face d'un ennemi puissant et perpétuellement agissant, tout son outillage militaire.

Combien de questions étaient restées pendantes durant des années et ne recevaient jamais de solution, et que la nécessité força de résoudre dans les conditions les plus dures et les moins favorables!

Vous pouviez lire dans les journaux, avant la guerre, au moment des grandes manœuvres, tantôt qu'on essayait une nouvelle tenue pour nos hommes, la nôtre étant trop voyante, tantôt qu'on voulait doter nos troupes de casques, le képi n'étant pas une coiffure de guerre! un jour c'était de cuisines roulantes qu'il s'agissait, etc., etc... Les années s'écoulaient et rien n'était fait. Eh bien! tous ces

problèmes ont été résolus : l'armée a été complétement rééquipée et habillée à nouveau pendant cette guerre; elle a reçu des casques qui enfin protègent nos soldats contre les éclats d'obus; elle a été approvisionnée de tous les objets qui lui sont nécessaires.

Ajouterai-je encore que cette nouvelle forme de guerre exigeant une consommation invraisemblable de fils de fer, de poteaux, de matériel de voie, de matériel de chemin de fer spécial pour circuler derrière les fronts, on a dû successivement, au milieu des plus grandes difficultés, satisfaire à toutes ces exigences?

En terminant cet exposé, je dois confesser le très grand regret que j'éprouve de ne pouvoir rendre ici un public et personnel hommage à tous ceux, patrons, ingénieurs, ouvriers, fonctionnaires, officiers, etc., qui furent et qui sont chaque jour les bons artisans de cette grande œuvre. Jamais, dans aucun temps et dans aucun pays, tant d'intelligence, d'ingéniosité, de véritable esprit d'organisation et de rude labeur ne furent dépensés avec plus de prodigalité pour une plus noble cause. Si nous pouvons aujourd'hui envisager l'avenir avec le calme que donne la certitude de la victoire, si nous pouvons approvisionner de tout ce qui leur est nécessaire, non seulement les armées qui combattent sur le sol sacré de la patrie, mais encore celles qu'une habile politique a maintenues et groupées dans les Balkans, si nous pouvons venir en aide à nos alliés, c'est à tous ces hommes que nous le devons.

XI

J'espère que vous voudrez bien m'excuser si, en même temps que j'éveillais votre patriotique curiosité, je l'ai si peu satisfaite. Tout au moins, je crois avoir réussi à me conformer à la loi que je m'étais imposée et il me semble que le censeur le plus rigoureux ne pourrait rien supprimer de cette conférence.

Peut-être tenterait-t-il maintenant de brandir ses ciseaux si je m'aventurais sur le terrain si délicat de la détermination de la part de responsabilité qui revient à chacun dans la situation où s'est trouvé le pays, et à laquelle il a fallu pourvoir.

Essayer une œuvre pareille dans l'état actuel des choses et avec les renseignements que l'on possède, serait faire preuve d'aussi peu de souci de la justice que de sens de l'opportunité.

Il ne nous convient pas, pour ces raisons, il serait surtout contraire à l'Union Sacrée, d'instituer un pareil débat. Espérons d'ailleurs que le renouveau, que la Victoire amènera dans l'esprit public, conduira chacun à rentrer en lui-même, à faire son propre examen de conscience, ce qui, dans la vie politique comme dans la vie spirituelle, vaut mieux que de faire celui du voisin.

De ces examens de conscience individuels sortira, nous en sommes persuadés, cette conviction que les erreurs, que nous réparons aujourd'hui au prix de notre sang et de nos fortunes, ne sont pas des erreurs individuelles, mais des erreurs collectives où chacun a eu sa part.

Après la guerre, lorsque la Paix victorieuse sera venue couronner nos efforts et récompenser l'effusion de tant de sang généreux, nous devrons, oubliant nos anciennes discordes, aller vers ceux qui, à la place où la Providence les avait placés : sur le champ de bataille, à l'atelier, dans les organisations de la vie privée et dans celle de la vie publique, ont su être des chefs et organiser la Victoire. C'est à ces hommes que nous devrons demander de donner à la République qui aura ajouté un si noble laurier à ceux que la France tient de la Royauté et de l'Empire, les plus glorieuses monarchies qui furent jamais, l'organisation que notre démocratie attend depuis si long-temps !

Je ne puis, en terminant cette conférence, alors que je me suis efforcé de vous montrer sur un point l'emploi de quelques-unes de ces belles qualités qui sont l'honneur de notre race, m'empêcher de penser à mon cher maître et ami, Emile Boutmy.

Ce fut, vous le savez, au lendemain de la guerre de 1870, qu'il fonda cette école, dans l'espoir de contribuer au relèvement de la France. C'est cette pensée qu'il exprima si noblement lorsqu'il demanda, lors de la célébration du vingt-cinquième anniversaire de notre école, que sur la médaille commémorative de sa fondation où la Patrie, enveloppée des plis de son drapeau, dépose, sur cette chaire où j'ai l'honneur de parler, une couronne en reconnaissance des enseignements qui y furent donnés par nos illustres maîtres : les Sorel, les Stourm, les Alix, les Leroy-Beaulieu et tant d'autres, fût gravée cette inscription :

« Scholæ, in luctu publico spe indomita conditæ virorum civiumque nutrici, patria memor ».

Dans la victoire de demain, si durement achetée par nos erreurs d'hier, mais si justement gagnée par le retour à nos grandes qualités nationales, l'avenir saura dire la grande part qui revient à Emile Boutmy et à ceux qui, ici, furent nos maîtres.